PEPTIDE

Guide thérapeutique

2024

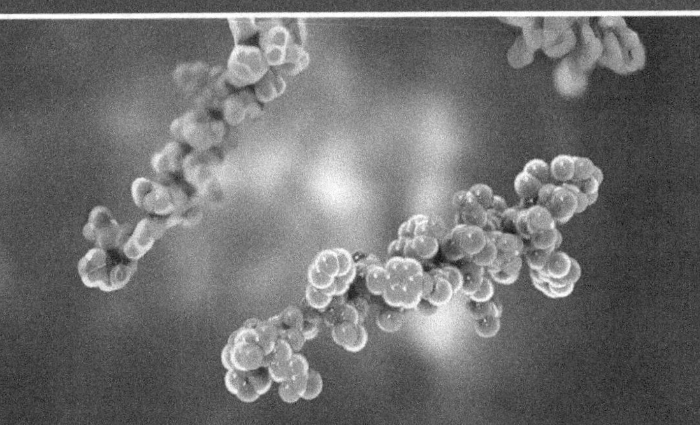

Dr. Catherine Davis

Table des matières

Introduction à la thérapie peptidique

L'incroyable potentiel des peptides, souvent appelés éléments constitutifs de la vie, pour améliorer la santé et le bien-être humains, a attiré une attention considérable dans les domaines médical et sanitaire. Les chaînes d'acides aminés périphériques sont la clé de la pléthore d'avantages thérapeutiques de la thérapie peptidique, qui deviennent de plus en plus évidents à mesure que nous explorons ce domaine complexe. Ces avantages vont de l'anti-âge à l'amélioration des performances.

Comprendre les peptides

Les peptides sont de courtes séquences d'acides aminés reliés par des liaisons peptidiques ; ces acides aminés constituent les unités fondamentales des protéines. En raison de leur rôle important en tant que messagers moléculaires contrôlant les fonctions biologiques, ils sont impliqués dans un large éventail de processus physiologiques. Le maintien de l'homéostasie et la direction de voies biologiques complexes sont tous deux rendus possibles par les peptides et leurs diverses formes et activités.

Il existe des fonctions peptidiques extrêmement diverses, allant de la modulation de l'activité des neurotransmetteurs à la défense contre les microbes (peptides antimicrobiens). Un autre développement qui a accru le potentiel thérapeutique des peptides est le développement de peptides conçus sur mesure dotés de fonctions spécifiques, rendus possibles par les progrès de la synthèse et de l'ingénierie peptidiques.

Évolution de la thérapie peptidique

L'histoire du traitement peptidique remonte aux civilisations anciennes, où des sources naturelles de peptides, telles que le venin de serpent et les extraits de plantes, étaient utilisées à des fins médicales. Au fil du temps, les découvertes scientifiques ont conduit à une compréhension plus approfondie de la biologie des peptides et à la production de peptides synthétiques présentant une stabilité et une biodisponibilité améliorées.

Au cours des dernières décennies, la thérapie peptidique a connu un retour en force, alimenté par les percées dans les processus de synthèse peptidique, les technologies d'administration de peptides et la biologie moléculaire. Les peptides sont de plus en plus considérés comme des agents importants dans la médecine moderne, avec des utilisations allant du traitement des maladies à l'amélioration des performances.

Avantages et applications de la thérapie peptidique

La polyvalence des peptides les rend bénéfiques pour traiter un large éventail de problèmes de santé et améliorer de nombreux éléments de la physiologie humaine. Certains des principaux avantages et applications du traitement peptidique comprennent :

1. Effets anti-âge : Il a été prouvé que des peptides tels que les peptides de libération de l'hormone de croissance (GHRP) et le facteur de croissance épidermique (EGF) augmentent la formation de collagène, améliorent la souplesse de la peau et minimisent l'apparence des rides, présentant ainsi des remèdes anti-âge prometteurs.

2. Croissance et récupération musculaire: Les peptides tels que les sécrétagogues de l'hormone de croissance (GHS) et les modulateurs sélectifs des récepteurs androgènes (SARM) ont gagné en popularité parmi les athlètes et les amateurs de fitness pour leur capacité à favoriser la croissance musculaire, à améliorer la force et à accélérer la récupération après un exercice intense.

3. Amélioration cognitive : Certains peptides, notamment les peptides nootropiques et les mimétiques du facteur neurotrophique dérivé du cerveau (BDNF), ont le potentiel de stimuler la fonction cognitive, la rétention de la mémoire et la clarté mentale, offrant ainsi de l'espoir aux personnes recherchant une amélioration cognitive et une neuroprotection.

4. Soutien du système immunitaire: Les peptides immunomodulateurs, tels que la thymosine alpha-1 et LL-37, ont montré des effets immunostimulants, aidant à la gestion des maladies auto-immunes, des infections et des conditions inflammatoires en régulant les réponses immunitaires et en augmentant les systèmes défensifs de l'hôte.

5. Optimisation métabolique : Les peptides ciblant les voies métaboliques, tels que les analogues du glucagon-like peptide-1 (GLP-1) et les agonistes des récepteurs de la mélanocortine, s'avèrent prometteurs dans le contrôle de l'obésité, du diabète et du syndrome métabolique en régulant l'appétit, le métabolisme du glucose et la dépense énergétique.

6. Réparation des blessures et régénération des tissus : Les peptides dotés de propriétés régénératrices, tels que les facteurs de croissance et les peptides de réparation tissulaire, ont le potentiel d'accélérer la cicatrisation des plaies, de favoriser la réparation des tissus et de faciliter la régénération des organes et tissus endommagés, offrant ainsi de nouvelles approches à la médecine régénérative.

7. Équilibre hormonal : Les peptides qui modifient les voies hormonales, tels que les analogues de la gonadolibérine (GnRH) et les agonistes de la kisspeptine, ont le potentiel de rétablir l'équilibre hormonal, de promouvoir la santé reproductive et de lutter contre les maladies endocriniennes.

La thérapie peptidique représente une frontière potentielle dans la médecine moderne, offrant une approche personnalisée et ciblée de l'optimisation de la santé et du traitement des maladies. Grâce à des études et à des innovations continues, le plein potentiel des peptides pour améliorer la santé et le bien-être humain continue de se déployer, créant ainsi l'avenir de la médecine moléculaire et des soins de santé personnalisés.

Chapitre 2 : La science derrière les peptides

Les peptides, avec leurs structures moléculaires complexes et leurs nombreuses activités, offrent un sujet d'étude fascinant dans le monde de la biochimie et de la biologie moléculaire. Comprendre la science qui sous-tend les peptides nécessite d'approfondir leur architecture moléculaire, d'expliquer leurs méthodes d'action et de trouver des stratégies pour augmenter leur biodisponibilité pour des applications thérapeutiques.

Structure moléculaire et fonction des peptides

À la base, les peptides sont composés d'acides aminés, les éléments fondamentaux de la production de protéines. Ces acides aminés sont reliés entre eux par des liaisons peptidiques, générant des chaînes de différentes longueurs et séquences. La disposition particulière des acides aminés dans une chaîne peptidique définit sa structure tridimensionnelle distinctive, qui à son tour régit son activité biologique et son interaction avec les cibles cellulaires.

Les peptides présentent une gamme remarquable de modèles structurels, allant des séquences linéaires de base aux formes repliées complexes. Cette diversité structurelle confère une vaste gamme d'activités aux peptides, notamment la catalyse enzymatique, la transduction du signal, la liaison aux récepteurs et le soutien structurel au sein des cellules et des tissus.

Comprendre les corrélations structure-fonction des peptides est essentiel pour interpréter leurs activités physiologiques et créer des thérapies thérapeutiques ciblant des voies biochimiques spécifiques avec précision et efficacité.

Mécanismes d'action

Les peptides exercent leurs effets biologiques par diverses méthodes, indiquant leur diversité en tant que médiateurs moléculaires de processus biologiques critiques. Ces mécanismes peuvent généralement être divisés en plusieurs types d'actions clés :

1. Liaison au récepteur et transduction du signal : De nombreux peptides fonctionnent comme des ligands qui se lient à des récepteurs spécifiques à la surface des cellules cibles, déclenchant des cascades de signalisation intracellulaire qui affectent les réponses cellulaires telles que l'expression des gènes, l'activité enzymatique et la conductance des canaux ioniques. Les exemples incluent les neuropeptides qui affectent l'activité neuronale et les hormones peptidiques qui régulent la fonction endocrinienne.

2. Catalyse enzymatique : Certains peptides possèdent une activité enzymatique, servant de catalyseurs à des réactions biologiques améliorant la conversion des substrats en produits. Les peptides enzymatiques jouent un rôle clé dans les voies métaboliques, la dégradation des protéines et les changements post-traductionnels, contribuant ainsi à l'homéostasie cellulaire et à la régulation métabolique.

3. Soutien structurel : Les peptides peuvent également fonctionner comme éléments structurels au sein des cellules et des tissus, assurant stabilité et organisation aux composants cellulaires tels que les membranes, le cytosquelette et la matrice extracellulaire. Les peptides structurels remplissent des fonctions cruciales dans la préservation de l'intégrité des tissus, de la forme des cellules et de la résistance mécanique.

4. Signalisation et communication cellulaire : Les peptides agissent comme médiateurs essentiels de la communication intercellulaire, transmettant des messages à travers différents types de cellules et coordonnant les réponses physiologiques à travers les tissus et les systèmes organiques. Les peptides de signalisation affectent de nombreux processus biologiques, notamment la croissance, le développement, la fonction immunologique et les réponses au stress.

En clarifiant les mécanismes d'action exacts derrière l'activité peptidique, les chercheurs peuvent identifier de nouvelles cibles thérapeutiques et développer des traitements révolutionnaires pour un large éventail de maladies et de troubles.

Biodisponibilité et méthodes de livraison

L'un des problèmes des thérapies à base de peptides est de maximiser leur biodisponibilité, c'est-à-dire la mesure dans laquelle un médicament atteint son site cible désigné et produit les effets souhaités. Les peptides sont susceptibles d'être dégradés par les enzymes protéolytiques du système gastro-intestinal et peuvent être rapidement éliminés de la circulation sanguine, limitant ainsi leur efficacité en tant qu'agents thérapeutiques.

Pour augmenter la biodisponibilité des peptides, les chercheurs ont conçu plusieurs systèmes d'administration et stratégies de formulation, notamment :

1. Administration parentérale : Les méthodes d'administration injectables, telles que l'injection sous-cutanée, intramusculaire ou intraveineuse, contournent le tractus gastro-intestinal et délivrent les peptides directement dans la circulation sanguine, assurant ainsi une absorption rapide et efficace.

2. Conception du promédicament : Les modifications chimiques de la structure peptidique, telles que l'inclusion de fractions lipidiques ou la glycosylation, peuvent renforcer la stabilité, prolonger le temps de circulation et améliorer la perméabilité membranaire, améliorant ainsi la biodisponibilité orale et la pénétration tissulaire.

3. Formulations de nanoparticules : L'encapsulation des peptides dans des supports de nanoparticules, tels que des liposomes, des micelles polymères ou des nanoparticules lipidiques, les protège de la dégradation et facilite leur administration ciblée vers des tissus ou des cellules spécifiques, minimisant ainsi les effets hors cible et maximisant l'efficacité thérapeutique.

4. Mimétiques des peptides : Les analogues synthétiques ou mimétiques de peptides naturels présentant des caractéristiques pharmacocinétiques améliorées, telles qu'une plus grande stabilité et une demi-vie prolongée, offrent des options alternatives pour surmonter les limites de biodisponibilité et optimiser les effets thérapeutiques.

En adoptant des technologies d'administration et des tactiques de conception innovantes, les chercheurs peuvent surmonter les difficultés inhérentes à la thérapie peptidique et découvrir tout le potentiel thérapeutique de ces agents moléculaires extraordinaires.

Chapitre 3 : Peptides pour l'optimisation de la santé

Dans la recherche d'une santé et d'un bien-être optimaux, les chercheurs et les professionnels de la santé se tournent de plus en plus vers les peptides comme instruments puissants pour maintenir le fonctionnement physiologique, lutter contre le déclin lié au vieillissement et améliorer le bien-être général. Les thérapies à base de peptides offrent une nouvelle approche de l'optimisation de la santé, en abordant des voies biochimiques et des processus biologiques spécifiques pour atteindre des effets ciblés. Dans cet examen détaillé, nous explorons le potentiel thérapeutique des peptides pour l'anti-âge, le soutien du système immunitaire et l'amélioration cognitive, en soulignant leur rôle dans l'amélioration de la qualité de vie et la prolongation de la longévité.

Peptides anti-âge

Le vieillissement est un processus biologique complexe marqué par une perte constante de l'activité cellulaire, de l'intégrité des tissus et de la robustesse des organes. Bien que le vieillissement soit inévitable, les recherches suggèrent que certains peptides pourraient aider à atténuer les changements liés à l'âge et à favoriser un vieillissement en bonne santé en ciblant les voies critiques liées à la sénescence cellulaire, au stress oxydatif et à l'inflammation.

Parmi les peptides anti-âge les plus prometteurs figurent :

1. Facteur de croissance épidermique (EGF) : L'EGF est un peptide puissant qui stimule la prolifération cellulaire, la cicatrisation des tissus et la synthèse du collagène dans la peau. En favorisant la régénération cellulaire et en augmentant la souplesse de la peau, les peptides EGF se sont révélés prometteurs dans la réduction de l'apparence des rides, ridules et autres symptômes du vieillissement cutané.

2. Peptides libérant l'hormone de croissance (GHRP) : Les GHRP augmentent la libération d'hormone de croissance par l'hypophyse, ayant des effets anabolisants sur les muscles, les os et le tissu conjonctif. Ces peptides ont été étudiés pour leur potentiel à stimuler la croissance musculaire, à améliorer la densité osseuse et à augmenter les niveaux d'énergie, ce qui suggère des avantages anti-âge prometteurs.

3. Thymosine Bêta-4 (TB-500) : Le TB-500 est un peptide produit à partir de la protéine thymosine bêta-4, qui joue un rôle clé dans la réparation et la régénération des tissus. Les peptides TB-500 ont été explorés pour leur capacité à accélérer la cicatrisation des plaies, à réduire l'inflammation et à stimuler le remodelage des tissus, ce qui en fait des agents précieux pour les thérapies anti-âge.

En utilisant les capacités régénératrices et rajeunissantes de ces peptides et d'autres peptides anti-âge, les individus peuvent potentiellement atténuer le déclin lié à l'âge et préserver leur vitalité et leur résilience à mesure qu'ils vieillissent.

Soutien du système immunitaire

Un système immunitaire sain est essentiel pour lutter contre les agents pathogènes, éviter les infections et préserver la santé globale. Les peptides jouent un rôle essentiel dans la modulation des réponses immunologiques et la régulation de la fonction immunitaire, ce qui en fait des agents essentiels pour promouvoir la santé et la résilience du système immunitaire.

Les peptides clés pour le soutien du système immunitaire comprennent :

1. Thymosine Alpha-1 (Tα1) : Tα1 est un peptide naturel qui favorise la fonction immunitaire en favorisant la maturation et l'activation des cellules T, la principale défense de l'organisme contre les infections. Les peptides Tα1 ont été examinés pour leur capacité à augmenter les réponses immunologiques, à améliorer l'efficacité des vaccins et à améliorer les résultats chez les patients atteints de maladies d'origine immunitaire.

2. LL-37 : Le LL-37 est un peptide antimicrobien produit par les cellules immunitaires qui démontre une activité antimicrobienne à large spectre contre les bactéries, les virus et les champignons. Les peptides LL-37 contiennent également des caractéristiques immunomodulatrices, contrôlant les réponses inflammatoires et favorisant la réparation et la régénération des tissus.

3. Peptides de bêta-glucane : Les bêta-glucanes sont des polysaccharides présents dans certains champignons, bactéries et céréales qui stimulent l'activité immunitaire et renforcent les systèmes de défense de l'hôte. Il a été démontré que les peptides bêta-glucanes stimulent les macrophages, les cellules tueuses naturelles et d'autres cellules immunitaires, améliorant ainsi leur capacité à détecter et à éliminer les infections.

Amélioration cognitive

La fonction cognitive implique un large éventail d'activités mentales, notamment la mémoire, l'attention, l'apprentissage et la fonction exécutive. Les peptides sont apparus comme des agents potentiels pour améliorer la fonction cognitive et maintenir la santé cérébrale en modifiant l'activité des neurotransmetteurs, en encourageant la survie neuronale et en améliorant la plasticité synaptique.

Les peptides clés pour l'amélioration cognitive comprennent :

1. Peptides nootropiques : Les nootropiques, ou « médicaments intelligents », sont des produits chimiques qui améliorent les fonctions cognitives, la mémoire et la clarté mentale. Des peptides tels que le noopept, le Semax et la cérébrolysine ont fait l'objet de recherches pour leur capacité à améliorer les performances cognitives, à stimuler l'attention et la concentration et à protéger contre le déclin cognitif lié à l'âge.

2. Mimétiques du facteur neurotrophique dérivé du cerveau (BDNF) : Le BDNF est une protéine qui favorise la croissance, la survie et la différenciation des neurones du cerveau. Les peptides mimétiques du BDNF imitent l'activité du BDNF, augmentant ainsi la neurogenèse, la plasticité synaptique et la survie neuronale. Ces peptides se sont révélés prometteurs pour stimuler l'apprentissage et la mémoire, ainsi que pour protéger contre les maladies neurodégénératives telles que la maladie d'Alzheimer et la maladie de Parkinson.

3. Hormones peptidiques : Les hormones peptidiques telles que l'ocytocine et la vasopressine jouent un rôle clé dans la régulation du comportement social, du traitement émotionnel et des réponses au stress. Les peptides d'ocytocine ont été examinés pour leur potentiel à renforcer les liens sociaux, l'empathie et la confiance, tandis que les peptides de vasopressine peuvent améliorer la consolidation de la mémoire et la fonction cognitive.

Les peptides offrent une approche multimodale de l'optimisation de la santé, abordant les principaux éléments du vieillissement, de la fonction immunologique et des performances cognitives. En utilisant le potentiel thérapeutique des peptides pour lutter contre le vieillissement, soutenir le système immunitaire et améliorer les fonctions cognitives, les individus peuvent se donner les moyens de mener une vie plus saine et plus dynamique, avec une plus grande résilience, vitalité et bien-être.

Chapitre 4 : Peptides pour l'amélioration des performances

À la recherche de performances physiques optimales et de grandeur athlétique, les athlètes, les amateurs de fitness et tous ceux qui tentent d'améliorer leurs compétences physiques se tournent de plus en plus vers les peptides comme outils efficaces pour renforcer la croissance musculaire, améliorer l'endurance et accélérer la perte de graisse. Les thérapies à base de peptides offrent une approche personnalisée de l'amélioration des performances, en utilisant les mécanismes inhérents du corps pour favoriser l'hypertrophie musculaire, augmenter l'endurance et améliorer la fonction métabolique. Dans cet examen complet, nous explorons le potentiel thérapeutique des peptides pour la croissance et la récupération musculaires, les améliorations de l'endurance et de l'endurance, ainsi que la perte de graisse et l'optimisation métabolique, mettant en lumière leur rôle dans l'optimisation des performances humaines et le repoussement des limites du potentiel humain.

Croissance et récupération musculaire

La croissance musculaire, ou hypertrophie, est le processus par lequel les fibres musculaires augmentent en taille et en force en réponse au stress et à la tension mécanique induits par l'exercice. Les peptides jouent un rôle essentiel dans la régulation de la synthèse des protéines musculaires, permettant la réparation des tissus et stimulant les activités anabolisantes qui contribuent à la croissance et à la récupération musculaire.

Les peptides clés pour la croissance musculaire et la rééducation comprennent :

1. Sécrétagogues de l'hormone de croissance (GHS) : Les GHS stimulent la libération d'hormone de croissance (GH) par l'hypophyse, ce qui à son tour améliore la synthèse des protéines musculaires, augmente la masse maigre et accélère la récupération après une blessure musculaire induite par l'exercice. Des peptides comme GHRP-6, GHRP-2 et ipamorelin ont été examinés pour leur capacité à stimuler la croissance musculaire, à améliorer la force et à minimiser le temps de récupération entre les exercices.

2. Modulateurs sélectifs des récepteurs androgènes (SARM) : Les SARM sont des produits chimiques synthétiques qui ciblent spécifiquement les récepteurs androgènes dans les tissus musculaires, augmentant ainsi les effets anabolisants sans les effets secondaires négatifs associés aux stéroïdes anabolisants traditionnels. Des peptides tels que MK-677 (ibutamoren) et LGD-4033 (ligandrol) se sont révélés prometteurs pour stimuler la croissance musculaire, augmenter la force musculaire et améliorer les performances sportives.

3. Analogues du facteur de croissance analogue à l'insuline-1 (IGF-1) : L'IGF-1 est une hormone peptidique qui joue un rôle crucial dans la modulation des effets de l'hormone de croissance sur la croissance et la réparation musculaire. Les analogues de l'IGF-1 reflètent les activités de l'IGF-1 endogène, augmentant la prolifération, la différenciation et l'hypertrophie des cellules musculaires. Des peptides comme la mécasermine (IGF-1 humain recombinant) ont été explorés pour leur capacité à stimuler la croissance musculaire, à améliorer la réadaptation et à accélérer la guérison des blessures musculo-squelettiques.

Boosters d'endurance et d'endurance

L'endurance et l'endurance sont des caractéristiques cruciales pour les athlètes impliqués dans des exercices longs et de haute intensité, tels que la course à pied, le cyclisme et les sports d'endurance. Les peptides jouent un rôle essentiel dans le renforcement de la capacité aérobie, en favorisant l'utilisation d'oxygène et en retardant l'apparition de la fatigue, aidant ainsi les athlètes à maintenir des niveaux de performance élevés pendant de plus longues durées.

Les peptides clés pour le développement de l'endurance et de l'endurance comprennent :

1. Peptides stimulant l'érythropoïèse (ESP) : Les ESP stimulent la synthèse des globules rouges (érythropoïèse) dans la moelle osseuse, ce qui entraîne une plus grande capacité de transport d'oxygène et une amélioration des performances d'endurance. Des peptides tels que l'érythropoïétine (EPO) et le péginésatide ont été utilisés pour stimuler le transport de l'oxygène vers les muscles, retarder l'épuisement et améliorer l'endurance des athlètes d'endurance.

2. Peptides bêta-alanine : La bêta-alanine est un acide aminé non essentiel qui interagit avec l'histidine pour générer de la carnosine, un dipeptide présent dans les tissus musculaires squelettiques. La carnosine agit comme un tampon contre la formation d'acide lactique lors d'exercices de haute intensité, retardant ainsi l'apparition de l'épuisement musculaire et améliorant la capacité d'endurance. Les formulations de bêta-alanine à base de peptides offrent une technique simple et efficace pour augmenter les niveaux de carnosine intramusculaire, favoriser les performances d'endurance et maximiser la capacité d'exercice.

3. Analogues d'endorphines : Les endorphines sont des peptides opioïdes endogènes produits par l'organisme en réaction au stress, à la douleur et à l'exercice physique. Les analogues d'endorphines reproduisent la fonction des endorphines endogènes, améliorant la tolérance à la douleur, réduisant l'effort perçu et favorisant une sensation d'euphorie et de bien-être pendant les exercices d'endurance. Des peptides comme l'enképhaline et la β-endorphine ont été examinés pour leur capacité à améliorer les performances d'endurance, à augmenter la motivation et à améliorer l'ensemble de l'expérience d'entraînement.

En exploitant les qualités d'amélioration des performances de ces peptides et d'autres, les athlètes peuvent repousser leurs limites d'endurance, dépasser les limites physiques et atteindre de nouveaux niveaux de réussite sportive.

Perte de graisse et amélioration métabolique

La composition corporelle, qui fait référence à la proportion de masse grasse par rapport à la masse maigre dans le corps, a une influence vitale sur les performances sportives, la santé métabolique et le bien-être général. Les peptides offrent des solutions ciblées pour optimiser la composition corporelle, encourager la réduction des graisses et améliorer la fonction métabolique grâce à leurs effets sur la gestion de l'appétit, la dépense énergétique et le métabolisme des lipides.

Les peptides clés pour la perte de graisse et l'amélioration métabolique comprennent :

1. Agonistes des récepteurs de la mélanocortine : Les récepteurs de mélanocortine sont des récepteurs couplés aux protéines G qui régulent l'équilibre énergétique, la faim et le métabolisme. Il a été démontré que les agonistes des récepteurs de la mélanocortine, tels que le mélanotan II et le bremelanotide, suppriment l'appétit, augmentent la dépense énergétique et améliorent la perte de poids en activant des voies qui limitent la prise alimentaire et stimulent la thermogenèse.

2. Analogues du Glucagon-Like Peptide-1 (GLP-1) : Le GLP-1 est une hormone peptidique libérée par l'intestin en réponse à la consommation de repas, augmentant la sécrétion d'insuline, inhibant la libération de glucagon et prolongeant la vidange de l'estomac. Les analogues du GLP-1 reflètent la fonction du GLP-1 endogène, induisant la satiété, réduisant la consommation alimentaire et améliorant le contrôle glycémique chez les personnes souffrant d'obésité et de diabète de type 2. Des peptides comme le liraglutide et l'exénatide ont été approuvés pour le traitement de l'obésité et du syndrome métabolique, permettant une approche ciblée de la gestion du poids et de la santé métabolique.

3. Analogues de l'hormone de libération de l'hormone de croissance (GHRH) : La GHRH est une hormone peptidique qui stimule la production d'hormone de croissance par l'hypophyse, améliorant ainsi la lipolyse (dégradation des graisses) et augmentant la dépense énergétique. Les analogues du GHRH reproduisent les activités du GHRH natif, stimulant le métabolisme des graisses, conservant la masse musculaire maigre et améliorant la composition corporelle. Des peptides comme la tésamoréline et la sermoréline ont été explorés pour leur capacité à réduire l'adiposité viscérale, à améliorer la sensibilité à l'insuline et à stimuler la fonction métabolique chez les personnes souffrant d'obésité et de maladies métaboliques.

Les peptides constituent une approche de pointe en matière d'amélioration des performances, offrant des traitements spécifiques pour la croissance et la récupération musculaire, l'amélioration de l'endurance et de l'endurance, ainsi que la réduction des graisses et l'optimisation métabolique. En utilisant la puissance des thérapies à base de peptides, les athlètes et les amateurs de fitness peuvent libérer tout leur potentiel, repousser les limites de la performance humaine et atteindre une condition physique optimale.

Chapitre 5 : Adaptation des protocoles peptidiques

Dans le domaine du traitement peptidique, il n'existe pas de solution universelle. L'adaptation des protocoles peptidiques comprend la conception de programmes de traitement sur mesure qui prennent en compte la physiologie particulière, les objectifs de santé et les antécédents médicaux d'une personne. De la définition des directives posologiques à la mise en œuvre de la surveillance et des modifications, des protocoles peptidiques personnalisés garantissent que chaque client reçoit la thérapie la plus efficace et la plus sûre adaptée à ses propres besoins. Dans cet examen détaillé, nous approfondissons les subtilités de l'adaptation des protocoles peptidiques, soulignant la nécessité de schémas thérapeutiques adaptés, de directives posologiques et d'une surveillance continue pour optimiser les résultats thérapeutiques et maximiser les bénéfices.

Plans de traitement individualisés

La pierre angulaire d'une thérapie peptidique efficace réside dans la formulation de programmes de traitement individualisés adaptés aux besoins et aux circonstances particulières de chaque patient. Les plans de traitement personnalisés prennent en compte des facteurs tels que l'âge, le sexe, les prédispositions génétiques, les problèmes de santé sous-jacents, les facteurs liés au mode de vie et les objectifs du traitement afin d'améliorer les résultats thérapeutiques et de minimiser les dangers potentiels.

Le processus de génération d'un plan de traitement sur mesure implique souvent :

1. Évaluation globale : Une évaluation approfondie des antécédents médicaux du patient, de son état de santé actuel et des objectifs du traitement est entreprise pour identifier les domaines d'intervention possibles et choisir la thérapie peptidique la plus pertinente.

2. Stratification des risques : Un examen des variables de risque du patient, y compris les problèmes médicaux préexistants, la consommation de médicaments, les allergies et les comportements liés au mode de vie, est entrepris pour déterminer les risques et avantages possibles de la thérapie peptidique et éclairer les options de traitement.

3. Fixation d'objectifs : Des objectifs de traitement clairs et réalisables sont fixés en partenariat avec le patient, en tenant compte des résultats souhaités, de ses attentes et de ses préférences.

4. Sélection du traitement : Sur la base des résultats de l'évaluation et des objectifs du traitement, certains peptides et méthodes de traitement sont sélectionnés pour répondre aux besoins uniques du patient et optimiser les résultats thérapeutiques.

5. Surveillance et suivi : Une surveillance et des examens de suivi réguliers sont programmés pour suivre les progrès, évaluer l'efficacité du traitement et apporter les ajustements nécessaires pour promouvoir des résultats optimaux et la satisfaction des patients.

En adaptant les protocoles peptidiques aux caractéristiques et aux besoins particuliers de chaque patient, les professionnels de la santé peuvent prodiguer des soins individualisés qui améliorent les avantages thérapeutiques tout en minimisant les risques et les effets indésirables.

Directives posologiques

La détermination du dosage optimal de la thérapie peptidique est essentielle pour obtenir les meilleurs résultats thérapeutiques tout en réduisant le risque d'effets indésirables. Les paramètres posologiques de la thérapie peptidique sont influencés par des caractéristiques telles que l'âge, le poids, la fonction rénale, le taux métabolique et la réponse individuelle au traitement du patient.

Les principales préoccupations lors de la détermination des normes de dose comprennent :

1. Spécificité peptidique : Différents peptides ont des caractéristiques pharmacocinétiques, des demi-vies et des plages thérapeutiques variées qui doivent être prises en compte lors de la formulation de schémas posologiques. Des facteurs tels que la stabilité des peptides, la biodisponibilité et l'affinité avec les récepteurs déterminent le dosage et la fréquence d'administration appropriés.

2. Objectifs du traitement : Les objectifs visés de la thérapie, qu'ils concernent la croissance musculaire, la perte de graisse, l'amélioration cognitive ou le soutien du système immunitaire, déterminent la sélection et la dose de peptides. Des doses plus élevées peuvent être nécessaires pour des procédures de traitement intenses visant à produire des résultats immédiats, tandis que des doses plus faibles peuvent être acceptables pour un traitement d'entretien ou une optimisation de la santé à long terme.

3. Réponse individuelle : L'hétérogénéité individuelle en réponse au traitement peptidique nécessite une stratégie de dosage flexible et adaptée.

Certaines personnes peuvent avoir besoin de doses plus élevées ou plus faibles pour obtenir des résultats thérapeutiques en fonction de caractéristiques telles que les prédispositions génétiques, le taux métabolique et la sensibilité au traitement.

4. Considérations de sécurité : La sécurité des patients est cruciale lors de la définition des directives posologiques pour le traitement peptidique. Une attention particulière doit être accordée à des aspects tels que les effets secondaires potentiels, les interactions médicamenteuses et le risque de surdosage ou de réactions graves, en particulier chez les groupes vulnérables tels que les enfants, les personnes âgées et les patients présentant des problèmes de santé sous-jacents.

En adhérant aux directives posologiques fondées sur des données probantes et en surveillant la réponse des patients au traitement, les professionnels de la santé peuvent optimiser les résultats thérapeutiques tout en réduisant le risque d'effets indésirables et en garantissant la sécurité des patients.

Suivi et ajustements

La thérapie peptidique n'est pas une intervention statique mais plutôt un processus continu qui implique une surveillance constante et des modifications pour améliorer les résultats et maintenir le bien-être du patient. Les paramètres de surveillance peuvent inclure des évaluations cliniques, des tests de laboratoire, des examens d'imagerie et des résultats rapportés par les patients pour suivre les progrès, évaluer l'efficacité du traitement et identifier tout effet secondaire ou conséquence potentiel.

Les éléments clés de la surveillance et de l'ajustement
du traitement peptidique comprennent :

1. Réunions de suivi régulières : Des réunions de
suivi programmées avec des professionnels de la
santé permettent une évaluation continue des progrès
du traitement, un ajustement des schémas
posologiques et une optimisation des résultats
thérapeutiques. Il est conseillé aux patients de
signaler tout changement dans les symptômes, les
effets indésirables ou les réponses thérapeutiques
entre les visites afin de faciliter des modifications
rapides.

2. Évaluations cliniques : Les évaluations cliniques,
y compris les examens physiques, les mesures des
signes vitaux et les tests de performance, fournissent
des informations essentielles sur l'état de santé
général du patient, sa capacité fonctionnelle et sa

réponse au traitement. Les changements dans la masse musculaire, la composition corporelle, la force, l'endurance et la fonction cognitive peuvent être suivis pour mesurer l'efficacité du traitement et suggérer des ajustements.

3. Surveillance en laboratoire : Des tests de laboratoire, tels que des analyses de sang, des analyses d'urine et des dosages hormonaux, peuvent être effectués pour examiner les indicateurs biochimiques, les niveaux d'hormones, les paramètres métaboliques et la fonction des organes en réponse à la thérapie peptidique. Les mesures de surveillance peuvent inclure des marqueurs de l'inflammation, de la fonction immunologique, du métabolisme lipidique, de la tolérance au glucose et de la fonction rénale pour déterminer l'innocuité et l'efficacité des médicaments.

4. Commentaires des patients : Les résultats rapportés par les patients, notamment l'intensité des symptômes, la qualité de vie, la satisfaction à l'égard du traitement et l'observance du traitement, fournissent des informations vitales sur l'expérience subjective du patient et sa réponse au traitement. Une communication ouverte entre les patients et les prestataires de soins de santé est essentielle pour détecter toute préoccupation ou problème pouvant nécessiter une révision du plan de traitement.

Chapitre 6: Sécurité et réglementation de la thérapie peptidique

À mesure que la popularité de la thérapie peptidique continue d'augmenter, il est également nécessaire de connaître les considérations de sécurité et le paysage réglementaire entourant ces médicaments révolutionnaires. Les peptides sont extrêmement prometteurs pour répondre à un large éventail de problèmes de santé, de la croissance musculaire au soutien du système immunitaire, mais garantir leur utilisation sûre et efficace nécessite une attention particulière aux dangers possibles, aux considérations juridiques et à la surveillance réglementaire. Dans cet examen complet, nous approfondissons la sécurité et la réglementation de la thérapie peptidique, en évaluant les dangers et les effets secondaires potentiels, les considérations juridiques ainsi que les mécanismes de contrôle de la qualité et de réglementation visant à promouvoir la sécurité des patients et l'efficacité du traitement.

Risques potentiels et effets secondaires

Si les peptides offrent des bénéfices thérapeutiques importants, ils ne sont pas sans danger et il est crucial de comprendre les effets indésirables potentiels liés à leur utilisation. Les risques courants et les effets indésirables du traitement peptidique peuvent inclure :

1. Réactions au site d'injection : Les réactions au site d'injection, telles que l'inconfort, l'enflure, la rougeur et les ecchymoses, sont des effets secondaires courants de la thérapie peptidique. Ces réponses disparaissent souvent d'elles-mêmes et peuvent être minimisées par de bonnes techniques d'injection et une rotation des sites.

2. Réactions d'hypersensibilité : Certaines personnes peuvent développer des réactions allergiques ou d'hypersensibilité aux peptides ou à leurs excipients, entraînant des symptômes tels qu'une éruption cutanée, des démangeaisons, de l'urticaire ou une anaphylaxie. Les patients ayant des antécédents d'allergies ou de sensibilités doivent être suivis de près pour détecter tout signe d'événements indésirables.

3. Perturbation endocrinienne : Les peptides qui contrôlent les niveaux d'hormones, tels que les sécrétagogues de l'hormone de croissance ou les analogues de l'hormone de libération des gonadotrophines, peuvent perturber la fonction endocrinienne et entraîner des déséquilibres hormonaux, qui peuvent se manifester par des changements dans la libido, l'humeur, le cycle menstruel ou les paramètres métaboliques.

4. Troubles gastro-intestinaux : Les peptides pris par voie orale peuvent provoquer des effets secondaires gastro-intestinaux, tels que des nausées, des vomissements, de la diarrhée ou des malaises abdominaux, dus à une irritation de la muqueuse gastro-intestinale ou à des anomalies de la motilité intestinale.

5. Effets sur le système immunologique : Les peptides qui modifient la fonction immunologique, comme la thymosine alpha-1 ou les peptides immunomodulateurs, peuvent affecter les réponses immunitaires et augmenter le risque de réactions auto-immunes ou d'infections, en particulier chez les personnes immunodéprimées.

Bien que la majorité des effets secondaires associés à la thérapie peptidique soient modestes et éphémères, les prestataires de soins de santé doivent être conscients des dangers potentiels et suivre attentivement les patients en cas de réactions indésirables. L'éducation des patients, le consentement éclairé et une évaluation approfondie des facteurs de risque sont des éléments clés pour garantir l'utilisation sûre du traitement peptidique.

Considérations légales

Le paysage réglementaire autour du traitement peptidique diffère selon les régions et les juridictions, avec des réglementations régissant la fabrication, la distribution et l'utilisation de thérapies à base de peptides. Dans de nombreux pays, les peptides sont classés comme médicaments sur ordonnance et sont soumis à un contrôle réglementaire strict de la part des autorités sanitaires.

Les principales considérations juridiques liées au traitement peptidique comprennent :

1. Exigence de prescription : De nombreux peptides ne sont accessibles que sur ordonnance et doivent être prescrits par un professionnel de la santé agréé, tel qu'un médecin ou une infirmière praticienne, autorisé à diagnostiquer et à traiter des troubles médicaux.

2. Approbation réglementaire : Les médicaments et thérapies à base de peptides peuvent être soumis à l'approbation réglementaire des autorités sanitaires, telles que la Food and Drug Administration (FDA) aux États-Unis ou l'Agence européenne des médicaments (EMA) en Europe, pour garantir leur sécurité, leur efficacité et leur qualité. .

3. Utilisation hors AMM : Bien que certains peptides aient obtenu une approbation réglementaire pour des indications spécifiques, les prestataires de soins de santé peuvent également prescrire des peptides pour des utilisations non conformes ou à des fins expérimentales sur la base d'un jugement clinique et de données scientifiques. L'utilisation non conforme des peptides doit être entreprise conformément aux protocoles médicaux et aux principes éthiques reconnus.

4. Limites d'importation et d'exportation : Les peptides peuvent être soumis à des limitations d'importation et d'exportation, à des lois douanières et à des traités internationaux régissant le transfert transfrontalier de médicaments interdits. Les professionnels de la santé doivent connaître les lois et réglementations applicables lorsqu'ils prescrivent ou administrent des peptides au-delà des frontières internationales.

Contrôle qualité et réglementation

Le contrôle de la qualité et la réglementation jouent un rôle essentiel pour garantir la sécurité, la pureté et l'efficacité des produits à base de peptides.

Les médicaments et thérapies peptidiques doivent être soumis à des processus approfondis de tests, de validation et d'assurance qualité pour répondre aux critères réglementaires et garantir l'intégrité du produit.

Les aspects clés du contrôle qualité et de la réglementation du traitement peptidique comprennent :

1. Normes de fabrication : Les produits à base de peptides doivent être créés conformément aux normes de bonnes pratiques de fabrication (BPF), qui établissent des exigences en matière d'installations, d'équipements, de personnel, de processus et de documentation pour garantir la qualité et la cohérence des produits.

2. Tests de produits : Les produits peptidiques doivent être soumis à des tests rigoureux d'identification, de pureté, d'activité et de stérilité afin de confirmer leur conformité aux spécifications et aux exigences réglementaires. Des techniques analytiques telles que la chromatographie liquide haute performance (HPLC), la spectrométrie de masse et les analyses microbiologiques sont couramment utilisées pour évaluer la qualité des produits.

3. Libération par lots : Les produits peptidiques doivent être soumis à des tests de libération de lots par des professionnels du contrôle qualité qualifiés pour vérifier la conformité aux exigences avant leur libération pour la distribution et l'utilisation. Les tests de libération de lots peuvent inclure des analyses de la teneur en peptides, des contaminants, de la contamination microbiologique et des niveaux d'endotoxines.

4. Stockage et manipulation : Des méthodes de stockage et de manipulation appropriées sont essentielles pour maintenir la stabilité et l'intégrité des produits peptidiques tout au long de leur durée de conservation. Les peptides doivent être conservés dans des circonstances contrôlées, à l'abri de la lumière, de la chaleur, de l'humidité et de l'oxydation, pour éviter toute détérioration et garantir l'efficacité du produit.

En suivant des méthodes de contrôle de qualité et des normes réglementaires rigoureuses, les producteurs peuvent garantir la sécurité, la pureté et l'efficacité des médicaments à base de peptides, garantissant ainsi la santé des patients et renforçant la confiance dans la thérapie peptidique en tant qu'option thérapeutique viable.

Chapitre 7 : Intégrer la thérapie peptidique à votre style de vie

Le traitement peptidique offre une opportunité unique d'améliorer la santé et le bien-être en abordant des voies physiologiques spécifiques et en favorisant le fonctionnement optimal du corps. Lorsqu'il est intégré à une approche de mode de vie holistique qui comprend une alimentation saine, de l'exercice régulier et d'autres pratiques de bien-être, le traitement peptidique peut amplifier ses effets de manière synergique, conduisant à de meilleurs résultats et à une meilleure qualité de vie. Dans cet examen complet, nous examinons les techniques permettant d'intégrer la thérapie peptidique à votre mode de vie, notamment en la mélangeant avec de la nutrition et de l'exercice, en modifiant votre mode de vie pour obtenir une synergie et en appliquant des tactiques à long terme pour le maintien de la santé et de la longévité.

Combiner avec un régime alimentaire et de l'exercice

L'alimentation et l'exercice physique sont des piliers essentiels de la santé et jouent un rôle essentiel dans la promotion de l'efficacité de la thérapie peptidique. En combinant la thérapie peptidique avec une alimentation équilibrée et une activité physique régulière, les individus peuvent maximiser leur état de santé général et amplifier les avantages thérapeutiques des peptides.

Régime

1. Aliments riches en nutriments : Privilégiez les aliments complets et riches en nutriments tels que les fruits, les légumes, les viandes maigres, les grains entiers et les graisses saines pour fournir des vitamines, des minéraux et des antioxydants essentiels qui soutiennent la fonction cellulaire et la réparation des tissus.

2. Consommation de protéines : Une consommation adéquate de protéines est nécessaire à la croissance, à la réparation et à la récupération musculaires, ce qui en fait un élément clé de tout régime de traitement peptidique visant à augmenter les performances sportives ou à encourager l'hypertrophie musculaire.

3. Hydratation : Restez bien hydraté en buvant beaucoup d'eau tout au long de la journée pour soutenir les activités métaboliques, maintenir l'équilibre électrolytique et faciliter l'élimination des toxines et des déchets métaboliques.

Exercice

1. Entraînement en résistance : Incorporez des exercices d'entraînement en résistance, tels que l'haltérophilie, des exercices de poids corporel ou des séances d'entraînement avec des bandes de résistance, pour augmenter la croissance musculaire, améliorer la force et renforcer les effets anabolisants de la thérapie peptidique.

2. Activité cardiovasculaire : Participez à une activité cardiovasculaire régulière, comme le jogging, le vélo, la natation ou l'entraînement par intervalles à haute intensité (HIIT), pour améliorer la santé cardiovasculaire, augmenter l'endurance et soutenir le métabolisme des graisses.

3. Flexibilité et mobilité : Incluez des activités de flexibilité et de mobilité, telles que le yoga, le Pilates ou des programmes d'étirements, pour améliorer l'amplitude des mouvements des articulations, réduire la tension musculaire et améliorer la forme fonctionnelle générale.

Modifications du mode de vie pour la synergie

En plus de la nutrition et de l'exercice, l'intégration d'un traitement peptidique dans votre mode de vie nécessite d'apporter des modifications holistiques à votre mode de vie qui améliorent la santé et le bien-être en général. De la gestion du stress à l'hygiène du sommeil, les facteurs liés au mode de vie ont une influence clé dans la définition de la réaction du corps à la thérapie peptidique et dans l'optimisation des résultats du traitement.

La gestion du stress

1. Pratiques de pleine conscience : Intégrez des pratiques de pleine conscience telles que la méditation, des exercices de respiration profonde ou une relaxation musculaire progressive pour réduire le stress, augmenter la relaxation et améliorer le bien-être émotionnel.

2. Compétences en matière de réduction du stress : Identifiez et traitez les sources de stress dans votre vie, telles que les obligations professionnelles, les problèmes conjugaux ou les problèmes financiers, en utilisant des mécanismes d'adaptation efficaces, des compétences en résolution de problèmes et des réseaux de soutien social.

Hygiène du sommeil

1. Programme de sommeil cohérent : Maintenez un cycle veille-sommeil régulier en vous couchant et en vous réveillant à la même heure chaque jour pour réguler les rythmes circadiens et favoriser un sommeil réparateur.

2. Environnement de sommeil : Créez un environnement de sommeil propice, sombre, calme et agréable, exempt de distractions telles que des gadgets électroniques, un bruit excessif ou des lumières perturbatrices.

Habitudes saines

1. Arrêt du tabac : Si vous fumez, envisagez d'arrêter de fumer pour réduire le risque de maladies cardiovasculaires, de troubles respiratoires et d'autres problèmes de santé pouvant compromettre les bienfaits de la thérapie peptidique.

2. Consommation modérée d'alcool : Limitez votre consommation d'alcool à des niveaux modérés pour limiter les effets nocifs de l'alcool sur le métabolisme, la fonction hépatique et la santé globale.

Stratégies à long terme pour le maintien de la santé

L'intégration de la thérapie peptidique dans votre mode de vie ne consiste pas seulement à intervenir à court terme : il s'agit également d'adopter des méthodes durables à long terme pour le maintien de la santé et de la longévité. En ajoutant un traitement peptidique à une stratégie de bien-être holistique qui favorise les soins préventifs, la surveillance proactive et les soins personnels continus, les individus peuvent optimiser durablement leur santé et leur bien-être au fil du temps.

Soins préventifs

1. Examens de santé réguliers : Planifiez des contrôles et des examens de santé réguliers avec votre professionnel de la santé pour surveiller les indicateurs de santé importants, détecter les premiers signes de maladie et évaluer l'efficacité de la thérapie peptidique.

2. Vaccins : Restez à jour sur les vaccins et les immunisations pour vous protéger contre les infections infectieuses et prévenir les problèmes susceptibles de limiter les avantages de la thérapie peptidique.

Surveillance proactive

1. Auto-évaluation : Surveillez votre santé et votre bien-être grâce à des techniques d'auto-évaluation, telles que l'enregistrement des symptômes, la surveillance des signes vitaux et la tenue d'un journal de santé pour découvrir les tendances et les modèles au fil du temps.

2. Tests en laboratoire : Des tests de laboratoire périodiques, tels que des analyses de sang, des dosages hormonaux ou des évaluations de biomarqueurs, peuvent fournir des informations utiles sur votre santé métabolique, votre équilibre hormonal et votre réponse à la thérapie peptidique.

Soins personnels continus

1. Stratégies d'autogestion : Jouez un rôle actif dans le maintien de votre santé grâce à des activités de soins personnels telles qu'une alimentation saine, de l'exercice régulier, des stratégies de réduction du stress et le respect des protocoles de médicaments et de traitement.

2. Formation continue : Restez informé des avancées en matière de thérapie peptidique, des découvertes émergentes de la recherche et des directives de style de vie pour l'optimisation de la santé grâce à des sources fiables, des ressources pédagogiques et une supervision d'experts.

L'intégration de la thérapie peptidique dans votre mode de vie implique d'aligner le traitement sur la nutrition et l'exercice, d'apporter des améliorations holistiques à votre mode de vie et d'adopter des plans à long terme pour le maintien de la santé et de la longévité. En adoptant une approche synergique de la santé et du bien-être qui couvre tous les éléments de la vie, les individus peuvent optimiser les avantages du traitement peptidique et cultiver les bases d'une vitalité et d'un bien-être tout au long de la vie.

Chapitre 8 : Orientations futures de la thérapie peptidique

Alors que le domaine de la thérapie peptidique continue d'évoluer, les chercheurs et les professionnels de la santé explorent de nouvelles frontières dans la création et l'application de traitements à base de peptides. Grâce aux améliorations continues de la technologie, de la biologie moléculaire et des méthodes d'administration de médicaments, l'avenir de la thérapie peptidique est prometteur en matière de découvertes, de percées transformatrices et de solutions novatrices à certains des problèmes de santé les plus graves de notre époque. Dans cette vaste exploration, nous explorons les voies futures de la thérapie peptidique, en évaluant les recherches et avancées émergentes, les percées et innovations prospectives, ainsi que le paysage en développement des thérapies peptidiques.

Recherche et développements émergents

Le paysage du traitement peptidique est en constante expansion, motivé par une recherche de pointe et des percées créatives qui élargissent l'étendue des options thérapeutiques. Les sujets de recherche émergents dans le traitement peptidique comprennent :

1. **Méthodes ciblées d'administration de médicaments :** Les chercheurs étudient des méthodes innovantes d'administration de médicaments et des stratégies de formulation pour augmenter la stabilité, la biodisponibilité et la sélectivité tissulaire des thérapies à base de peptides.

Les progrès dans les méthodes de nanotechnologie, d'encapsulation liposomale et de conjugaison peptidique sont prometteurs pour augmenter l'efficacité de l'administration des médicaments et diminuer les effets hors cible.

2. Ingénierie et conception des peptides : Des techniques d'ingénierie moléculaire telles que la conception rationnelle, la chimie combinatoire et la conception de médicaments assistée par ordinateur sont utilisées pour développer de nouveaux analogues et dérivés peptidiques dotés de propriétés pharmacocinétiques améliorées, d'une affinité cible améliorée et de profils thérapeutiques optimisés. Ces avancées permettent la production de peptides dotés de fonctions spécialisées à des fins spécifiques, telles que des agonistes, des antagonistes ou des inhibiteurs d'enzymes des récepteurs.

3. Traitements peptidiques multi-ciblés : Les traitements peptidiques multi-ciblés qui modifient simultanément de nombreuses voies biologiques apparaissent comme une méthode viable pour traiter des maladies complexes aux étiologies multifactorielles, telles que le cancer, les maladies auto-immunes et les syndromes métaboliques. En ciblant simultanément de nombreuses cibles moléculaires, ces médicaments offrent des avantages synergiques et une efficacité thérapeutique accrue par rapport au traitement à cible unique.

4. Vaccinations et immunothérapies à base de peptides : Des vaccins et des immunothérapies à base de peptides sont en cours de développement pour exploiter le système immunitaire de l'organisme afin de prévenir ou de traiter les maladies infectieuses, le cancer et les maladies auto-immunes. Les antigènes peptidiques, les adjuvants et les peptides immunomodulateurs sont étudiés en tant que composants de vaccins et de médicaments immunothérapeutiques de nouvelle génération qui suscitent des réponses immunitaires puissantes et spécifiques contre les antigènes cibles.

Percées et innovations potentielles

L'avenir de la thérapie peptidique est prometteur de percées révolutionnaires et d'innovations révolutionnaires capables de modifier les soins de santé et d'améliorer les résultats pour les patients. Certaines percées et innovations potentielles dans le traitement peptidique comprennent :

1. Médecine peptidique personnalisée : Les progrès en génomique, en protéomique et en bioinformatique ouvrent la voie à une médecine peptidique personnalisée, dans laquelle les schémas thérapeutiques sont adaptés aux profils génétiques individuels, aux signatures moléculaires et aux susceptibilités aux maladies. Les thérapies peptidiques personnalisées offrent des interventions ciblées qui améliorent l'efficacité, limitent les effets indésirables et optimisent les résultats du traitement en fonction des caractéristiques uniques de chaque patient.

2. Édition génétique basée sur les peptides : Les technologies d'édition génétique basées sur les peptides, telles que CRISPR-Cas9 et les systèmes associés, modifient le domaine de la médecine génétique en permettant une modification précise des séquences d'ADN pour corriger les mutations génétiques, réguler l'expression des gènes et moduler les activités cellulaires. Les méthodes d'administration basées sur les peptides favorisent l'administration ciblée d'outils d'édition génétique à des tissus ou types de cellules spécifiques, augmentant ainsi leur potentiel thérapeutique et réduisant les effets hors cible.

3. Traitements peptidiques régénératifs : Les traitements peptidiques régénératifs qui améliorent la réparation, la régénération et la cicatrisation des tissus sont appelés à modifier le domaine de la médecine régénérative. Des peptides dotés de capacités régénératrices, tels que des facteurs de croissance, des cytokines et des protéines de la matrice extracellulaire, conduisent des processus de prolifération cellulaire, de différenciation et de remodelage tissulaire pour restaurer la fonction tissulaire normale et guérir les organes ou tissus blessés.

4. Médicaments peptidiques neuroprotecteurs : Les médicaments neuroprotecteurs à base de peptides sont prometteurs pour traiter les maladies neurodégénératives, les traumatismes cérébraux et les troubles neurologiques en protégeant l'intégrité neuronale, en renforçant la plasticité synaptique et en améliorant les performances cognitives. Les peptides neuroprotecteurs qui ciblent des voies moléculaires particulières impliquées dans la neurodégénérescence, le stress oxydatif et l'inflammation offrent des thérapies prometteuses pour ralentir la progression de la maladie et améliorer la qualité de vie des patients atteints de troubles neurologiques.

Le paysage en évolution de la thérapeutique peptidique

Le domaine des thérapies peptidiques traverse une période d'expansion et de transformation rapides, motivée par les découvertes scientifiques, les progrès technologiques et les applications cliniques. Alors que les médicaments à base de peptides continuent de démontrer leur efficacité, leur sécurité et leur adaptabilité dans un large éventail d'indications thérapeutiques, l'avenir de la médecine est de plus en plus dicté par le paysage changeant des thérapies peptidiques.

1. Médecine de précision : La thérapie peptidique est à l'avant-garde de la médecine de précision, permettant des thérapies ciblées adaptées aux caractéristiques spécifiques des patients, aux phénotypes de maladie et aux réponses au traitement.

Les traitements peptidiques de précision fournissent des schémas thérapeutiques sur mesure qui améliorent les résultats thérapeutiques et réduisent les effets indésirables, ouvrant ainsi la voie à une nouvelle ère de soins centrés sur le patient.

2. Traitements combinés : Les traitements combinés intégrant divers peptides, petits composés, produits biologiques ou autres modalités thérapeutiques apparaissent comme un outil puissant pour traiter les maladies complexes aux étiologies multifactorielles. En combinant des mécanismes d'action complémentaires, les médicaments combinés offrent des effets synergiques, une plus grande efficacité et un meilleur contrôle de la maladie par rapport aux techniques de monothérapie.

3. Diagnostics compagnon : Les diagnostics compagnons qui identifient des biomarqueurs, des signatures moléculaires ou des indicateurs génétiques prédictifs de la réponse au traitement sont de plus en plus utilisés pour faciliter la prise de décision thérapeutique et optimiser la sélection des patients pour la thérapie peptidique. En stratifiant les patients en fonction de leur probabilité de répondre au traitement, les diagnostics compagnons améliorent la précision et l'efficacité des thérapies à base de peptides.

4. Accessibilité mondiale : Les progrès en matière de fabrication, de formulation et de distribution améliorent l'accessibilité des médicaments à base de peptides pour les patients du monde entier, surmontant ainsi des contraintes telles que le coût, la complexité et l'évolutivité. Les innovations dans les technologies de synthèse, de purification et de formulation des peptides réduisent les coûts de production, rationalisent les processus de fabrication et élargissent la disponibilité sur le marché, rendant la thérapie peptidique plus accessible aux patients dans diverses régions géographiques et circonstances socio-économiques.

L'avenir de la thérapie peptidique est défini par de nouvelles recherches et avancées, des percées et innovations prospectives, ainsi qu'un paysage en expansion de médicaments prometteurs pour modifier les soins de santé et améliorer les résultats pour les patients. En saisissant les opportunités présentées par la thérapie peptidique et en favorisant la collaboration entre les disciplines, les parties prenantes et les systèmes de santé, nous pouvons exploiter tout le potentiel des peptides pour relever certains des défis de santé les plus urgents de notre époque et ouvrir la voie à une société plus saine et plus résiliente. avenir.

Conclusion

En conclusion, ce livre propose un guide complet sur la thérapie peptidique, offrant une plongée approfondie dans la science, les applications et les orientations futures de cette approche unique des soins de santé. Au fil de ses pages, les lecteurs ont exploré les fondements du traitement peptidique, compris sa mécanique moléculaire et apprécié ses nombreuses applications dans un large éventail de spécialisations médicales.

De la compréhension de la structure moléculaire et de la fonction des peptides à l'exploration de leur potentiel thérapeutique dans des domaines tels que l'anti-âge, le soutien du système immunitaire et l'amélioration cognitive, les lecteurs ont acquis un aperçu du pouvoir transformateur de la thérapie peptidique dans la promotion de la santé, l'amélioration des performances et le traitement. les conditions médicales.

De plus, ce livre a fourni des conseils pratiques sur la façon d'appliquer correctement le traitement peptidique, de la consultation avec des professionnels de la santé au respect des exigences posologiques et à l'intégration des modifications du mode de vie. En adoptant une approche holistique de la santé et du bien-être qui intègre un traitement peptidique dans un régime de bien-être complet, les individus peuvent maximiser leur santé, accroître leur bien-être et ouvrir la voie à un avenir plus sain et plus dynamique.

À l'avenir, l'avenir de la thérapie peptidique est prometteur en termes de découvertes pionnières, d'avancées transformatrices et de solutions innovantes capables de révolutionner les soins de santé et d'améliorer les résultats pour les patients. Avec les développements continus en matière de recherche, de technologie et d'application clinique, la thérapie peptidique est sur le point de jouer un rôle de plus en plus important dans la détermination de l'avenir de la médecine.

9 798883 117663